KEXUE ANIMAL CITY
AMAZING ANIMAL NEIGHBORS

嗑学动物城
了不起的动物邻居

嗑叔 著　如意 绘

Polar and Marine Community
极地与海洋
社区

民主与建设出版社
·北京·

前言

　　北极熊被称为"海熊"，他们可以在海里连续游泳几百千米。

　　南极的企鹅们都是游泳潜水的高手，他们的食物全部来自海洋。

　　极地动物和海洋动物有很多相通之处，我们将他们凑在了一起，并且用蓝色设计了他们的身份证。

　　我们将一起领略蔚蓝大海的神奇物种：
　　一起潜入2000多米的深海，跟着抹香鲸一起参观他的"深海食堂"。

　　和蝠鲼一起邀游海底世界，他们的肚皮上还跟随着一群搭便车的鱼。这群小鱼不仅搭便车，还想吃蝠鲼的便便，让人瞠目结舌！

　　我们还将在海边一起拜访一种特立独行的弹涂鱼，他们演化了无数年，就是为了上岸"走路"。
　　他们为什么要上岸？他们上岸之后又是如何呼吸、生存的？

　　……

　　让我们一起穿上潜水衣，带上氧气瓶，走进神秘的极地海洋，去拜访这些勇敢无畏的居民吧！

嗑叔

阅读指南

在开始阅读之前，我们可以通过"身份证"
了解动物居民的基本情况：

1

姓名

包括中英文2种，有些动物名字很多，一般采用最常用的一个。

2

证件照

这是他们自己最喜欢的个人照片，每位居民都拥有自己独特的穿衣品味。

3

冷知识

这是关于他们的一些有趣的知识，认真阅读，有助于理解后面的内容。

海獭也是干饭人

2

4 民族

这是他们的基本生物学分类，一般采用"目-科-属"三个层级。

家庭住址

这是他们主要分布的区域（他们也有可能因为迁徙、物种入侵等存在于其他大陆）。

最爱吃的食物

这里是他们最喜欢吃的几种食物，基本不需要任何烹饪加工。

睡觉的地方

他们虽然不在床上睡觉，但也需要寻找一个隐蔽安全的角落休息。

个人爱好

看看他们的爱好和你有什么不一样吧！

人生格言

动物也有自己的原则和梦想！这和他们的生存方式有关。

阅读指南

注意：本书适合 5 岁以上的小朋友，以及认为自己还是个小朋友的大朋友们阅读！

5

小故事

我们设计了精美的插图，帮助大家更好地理解正文中的内容。

6

注释

这是对本页插图的介绍，你可以用自己的方式介绍给身边的朋友吗？

天天吃海鲜，
快活似神仙！

海獭是海洋馆最能干饭的动物，他们一小时可以吃掉70个扇贝、20只鲍鱼，外加2只螃蟹。顿顿海鲜还不够，他们夏天时吃冰块雪糕，生日时还有生日蛋糕，偶尔还喝杯小酒把愁消。他们不仅能吃，而且特别能装，胸前自备一个"哆啦A梦"的饭袋：里面可以储存食物，吃得多往嘴里塞，吃不完就往兜里揣。正所谓：兜里有饭，心里不乱；有备无患，随时干饭。

干饭人爱吃甲壳类动物。咬得动，就用牙；咬不动，就用砸。他们就地取材，哪里硬就往哪里砸。你问我爱饭有多深，只要功夫深，铁船都能砸出坑。为了随时吃到最

4

7 <u>正文</u>

这本书的文案追求简洁通俗、朗朗上口，欢迎大小朋友们一起大声朗读。

新鲜的海鲜，他们甚至学会了"胸口碎大石"，托着石头到处漂，一路打砸。真是人在江湖漂，干饭水平高。

　　干饭人生活在北太平洋的寒冷海域，他们必须一直吃才能维持身体的热量。为了找到足够的自助海鲜，他们可以潜入 90 米深的海底，一次憋气可达 5 分钟。他们也喜欢吃海胆，这些海胆都是海底的蝗虫，专门啃海藻，所到之处寸藻不生。所以，干饭人干的不仅是饭，还是为民除害、保护生态。真是：太平洋的水呀浪打浪，干饭人的责任不能忘。

　　当海上起浪的时候，干饭人就用海藻缠身，系上安全带，任凭风吹浪打，我自安然干饭。他们一边干饭，一边在水里转圈，相当于洗干净厨房。每次吃完饭，还拉根海藻剔个牙，非常讲究。他们虽然爱吃、能吃，但是绝对不浪费粮食，每次拿起大贝壳，都要啃得干干净净。正所谓：干饭人，干饭魂，干饭最高境界就是，舔饭盆！

只要石头用得好，没有海鲜吃不着！

扫一扫
看海獭

5

8 二维码

在每一篇的结尾都有一个"二维码"，眼见为实，欢迎大家扫码观看。（需下载抖音 app，长按屏幕上的图标并选择"扫一扫"）

你觉得这位居民的故事有趣吗？快点儿分享给身边的人吧！

POLAR AND MARINE ANIMAL

极地与海洋居民

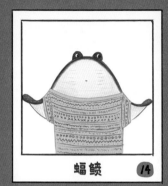

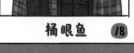

友情提示：

1. 请勿私自投喂；

2. 请带好身边的爸爸妈妈；

3. 请不要把他们带回家（可以扫码加关注）；

4. 请勿偷吃他们的食物（避免消化不良）！

Polar and Marine Community

极地与海洋社区

海獭也是干饭人

极地与海洋居民卡
Polar and Marine Animal ID Card

海獭
Sea otter

民族：食肉目－鼬科－海獭属
家庭住址：北太平洋的寒冷水域
最爱吃的食物：海胆、鲍鱼、帝王蟹
睡觉的地点：绑着海草在海面睡觉
个人爱好：牵手手、擦香香
座右铭：干饭人，干饭魂，
干饭得用盆！

ID CARD POLAR AND MARINE
ANIMAL ID CARD POLAR AND MARINE
NO.01

TRIVIA 关于他的冷知识

他是地球上食量最大的动物之一，一天要消耗相当于其体重三分之一的海鲜。

他的皮毛极为致密，每平方厘米皮肤约有12.5万根毛发，堪称动物界毛发最浓密的动物。

他待在海面时，几乎一直在整理毛皮，保持皮毛的清洁性与防水性，这是他御寒和漂浮的重要工具。

3

天天吃海鲜，
快活似神仙！

海獭是海洋馆最能干饭的动物，他们一小时可以吃掉70个扇贝、20只鲍鱼，外加2只螃蟹。顿顿海鲜还不够，他们夏天时吃冰块雪糕，生日时还有生日蛋糕，偶尔还喝杯小酒把愁消。他们不仅能吃，而且特别能装，胸前自备一个"哆啦A梦"的饭袋：里面可以储存食物，吃得完就往嘴里塞，吃不完就往兜里揣。正所谓：兜里有饭，心里不乱；有备无患，随时干饭。

干饭人爱吃甲壳类动物。咬得动，就用牙；咬不动，就用砸。他们就地取材，哪里硬就往哪里砸。你问我爱饭有多深，只要功夫深，铁船都能砸出坑。为了随时吃到最新鲜的海鲜，他们甚至学会了"胸口碎大石"，托着石头到处漂，一路打砸。真是人在江湖漂，干饭水平高。

　　干饭人生活在北太平洋的寒冷海域，他们必须一直吃才能维持身体的热量。为了找到足够的自助海鲜，他们可以潜入 90 米深的海底，一次憋气可达 5 分钟。他们也喜欢吃海胆，这些海胆都是海底的蝗虫，专门啃海藻，所到之处寸藻不生。所以，干饭人干的不仅是饭，还是为民除害、保护生态。真是：太平洋的水呀浪打浪，干饭人的责任不能忘。

　　当海上起浪的时候，干饭人就用海藻缠身，系上安全带，任凭风吹浪打，我自安然干饭。他们一边干饭，一边在水里转圈，相当于洗干净厨房。每次吃完饭，还拉根海藻剔个牙，非常讲究。他们虽然爱吃、能吃，但是绝对不浪费粮食，每次拿起大贝壳，都要啃得干干净净。正所谓：干饭人，干饭魂，干饭最高境界就是，舔饭盆！

只要石头用得好，没有海鲜吃不着！

扫一扫
看海獭

特立独行的鱼

极地与海洋居民卡
Polar and Marine Animal ID Card

弹涂鱼
Mudskipper

民族：鲈形目 - 虾虎鱼科 - 弹涂鱼属
家庭住址：西北太平洋的浅海沿岸
最爱吃的食物：底栖的硅藻
睡觉的地点：滩涂下的泥洞
个人爱好：玩泥巴
座右铭：跳得更高，才能被爱情发现！

ID CARD POLAR AND MARINE
ANIMAL ID CARD POLAR AND MARINE
NO.02

他也叫"跳跳鱼"，一次跳跃最高可达30厘米。

30cm

他的眼睛长在头顶，一旦发现上空的捕食者，立马就钻到泥巴里。

除了用鳃，他还可以靠皮肤和口腔黏膜来摄取氧气，因此可以在岸上生存很久。

TRIVIA 关于他的冷知识

我们的养生
之道——多
喝水，多敷
面膜。

　　弹涂鱼是一类特立独行的鱼。他们长着一对胸鳍，不是为了游泳，而是为了走路；他们努力地爬上岸，目的就是"吃泥巴"，泥巴里面含有各种硅藻，摇头晃脑就可以过滤出美味的食物。住在海边的人们喜欢叫他们"跳跳鱼"，因为他们经常在退潮之后的滩涂上跳来跳去，这是他们在宣示自己的领地：注意注意，这块泥巴是私鱼领地，未经允许，生鱼勿近！

由于泥少鱼多，两条弹涂鱼经常会产生领地纠纷，他们打架的方式就是张大嘴巴，口吐芬芳，有时候吐对方一脸的泥，有时候咬住对方的脖颈。等到失败的一方目瞪口呆，黯然退场，胜利者会在泥巴里打个滚——不是打累了，而是需要沾上一点儿泥水，因为弹涂鱼可以通过皮肤来呼吸，"敷面膜"可以保持皮肤的湿润。他们还会在脑袋里存上一些水，这样眨眨眼睛，就可以滴一滴"眼药水"。他们的眼睛长在头顶，瞳孔还是心形的，这让他们可以及时发现上空的各种水鸟，一有危险，瞬间入泥。

弹涂鱼的家安在泥地下面的洞穴深处，他们会把嘴巴当作运输的工具，一口一口把泥巴吐出来。繁殖季节，他们会把鱼卵产在洞穴的侧室，为了保证洞穴里的空气循环，他们会爬出洞口，用嘴巴吸一大口气，然后爬回家，将新鲜空气吐进育婴房里，吐故纳新。作为一条特立独行的鱼，即使出生于一片泥泞，也可以凭借自己的聪明，开创一片属于自己的天地！

嘴巴张得贼大，
只是为了打架！

扫一扫
看弹涂鱼

北极熊是跟屁虫

极地与海洋居民卡
Polar and Marine Animal ID Card

北极熊

Polar bear

民族：食肉目－熊科－熊属
家庭住址：北极圈冰层覆盖的水域和陆地
最爱吃的食物：海豹、白鲸、独角鲸
睡觉的地点：北极的冰面、雪洞
个人爱好：游泳、滑冰
座右铭：再冷的天，也挡不住
我挖坑的热情。

NO.03
ANIMAL ID CARD POLAR AND MARINE

关于他的冷知识 TRIVIA

他的皮肤是黑色的，有助于吸收太阳的热量。

大部分情况下北极熊妈妈都生双胞胎，个别情况下一次会生三四个小宝宝。

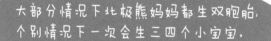

动物园里的北极熊有时候是黄色或者棕色的，这可能是因为他的毛发氧化变色。

崽崽，看好了，这回妈给你抓只大的！

  北极熊小时候是北极地区可怜的跟屁虫，因为他们身上囤积的脂肪不够厚，不足以抵御北冰洋吹来的寒风，所以妈妈毛茸茸的身体就是他们天然的抱枕、巨大的挡风玻璃。他们跟在熊妈妈的屁股后面形影不离，就连睡觉的时候都要钻进妈妈的怀里，把妈妈当作一件天然的军大衣，走累了还要爬上背，就像抱着一个移动的保温杯。在带娃期间，熊妈妈3年不能谈恋爱，和孩子在一起让妈妈们享受着家的温情。

虽然北极熊是陆地上最大的食肉动物，但是小北极熊非常脆弱，很容易被饥饿的成年公熊当作一顿小点心。虽然母熊的体形只有公熊的二分之一，但是谁要是想欺负自己的孩子，母熊绝对不依不饶，冲上去和他拼命。在孩子们的眼里，妈妈就是开路的先锋队、安全的庇护所，遇见紧急情况他们赶紧往熊妈妈屁股后面躲。所以，表面上他们跟的是妈妈的"屁"，实际上保的是自己的命。

北极地广人稀，为了养活一家人，熊妈妈需要每天跋涉 100 千米。小北极熊会跟着母亲学习打洞，挖出雪下 1 米处潜藏的海豹。当冰面很薄的时候，他们需要学习如何趴着走路，免得掉进冰窟窿里。当然，更重要的是学习长距离游泳，尤其是在北极冰面不断融化之后。北极熊一次需要游几百千米才能勉强活命。等上岸之后，他们还会模仿妈妈用干燥的雪地吸干水分，擦干身体。他们一边跟屁，一边学习，一直等到两三年后，小跟屁虫长成了大跟屁熊，不得不离开母亲以寻求独立。天下没有不散的筵席，也没有永远的跟屁虫。在这片极寒之地，北极熊必须勇敢地闯出属于自己的一片天地。

风雪再大不要怕，妈妈的臂弯就是你温暖的家！

扫一扫
看北极熊

13

蝠鲼的粪

极地与海洋居民卡
Polar and Marine Animal ID Card

蝠鲼
Manta

民族：燕魟目 - 蝠鲼科 - 蝠鲼属
家庭住址：热带和亚热带海域
最爱吃的食物：各种浮游生物
睡觉的地点：边游泳边在海里打盹
个人爱好：挥毫泼墨
座右铭：我很大，但我很温柔。

POLAR AND MARINE ANIMAL ID CARD
NO.04

TRIVIA
关于他的冷知识

为了洗干净肠内的寄生虫，他可以将肠道伸出身体30厘米。

由于他在海中优雅飘逸的游姿跟蝙蝠很相似，所以中文名为"蝠鲼"。

他也被称为"魔鬼鱼"，因为头上有一对角状鳍，类似于西方文化中魔鬼的形状。

哇！感谢蝠鲼赐予我们美味的"福粪"！

蝠鲼（fèn）是海洋里的造粪机，他们的粪色彩丰富、形状多变，有的一笔带过、不留痕迹，有的挥毫泼墨，让人猝不及防。他们的粪虽然看着恶心，但都是海洋中的精华液。很多鱼就好这一口，一路尾随，因为粪少鱼多，一些鱼会奋不顾身地钻进蝠鲼的肠道，有的因为缺氧，最后闷死在屁眼里，这真是几辈子才修来的福分。

有些鱼还喜欢挂在蝠鲼的身上搭便车，蝠鲼就变成了造粪机中的战斗机，这给他们造成了非常大的负担。因为蝠鲼像某些鲨鱼一样，必须一直游才能呼吸，停下来就呼吸不畅。他们张开大嘴巴，让氧气通过鳃部，同时筛选出各种食物。别看他们个头巨大，但是只吃最小的浮游生物，人畜无害。有时候，他们还会上下翻腾，制造一场浮游生物的龙卷风。粪飞粪谢粪满天，真是浪漫极了！

　　在交配季节，雄性蝠鲼经常"粪"身一跃，用肚皮拍打水面，溅起的浪花越高，雌性也就越痴情：哇，这个哥哥真的好帅，我好喜欢！在怀孕12个月之后，小蝠鲼就从妈妈的肚子里生出来了。刚刚出生的小蝠鲼像个卷饼，妈妈会赠送他一大团"福粪"，而且会语重心长地说："孩子，好好吃粪，长大了，你也能成为别人梦寐以求的福分。"

欢迎大家搭乘蝠鲼的海洋免费便车。

扫一扫
看蝠鲼

17

聪明透顶桶眼鱼

极地与海洋居民卡
Polar and Marine Animal ID Card

桶眼鱼
Barreleye

民族：水珍鱼目 - 管眼鱼科 - 大鳍后肛鱼属

家庭住址：北太平洋热带、温带水域

最爱吃的食物：水母

睡觉的地点：漆黑一片的深海

个人爱好：开潜水艇

座右铭：有缘千里来相会，没有灯泡也白费。

POLAR AND MARINE ANIMAL ID CARD
NO.05

他的脑袋里塞满了透明的液体，一旦被捕捞上岸，由于压力变化，就会变成一个"塌脑袋"。

他眼睛里的视网膜拥有大量视杆细胞，可以在最微弱的光线下分辨猎物的轮廓。

Barreleye
1939

由于他生活在深海且非常罕见，科学家在1939年才发现这种奇怪的鱼。

TRIVIA
关于他的冷知识

哪里是鼻孔，哪里是眼睛？章鱼哥也分不清。

　　有的人聪明"绝顶"，有的鱼却聪明"透顶"，这就是拥有透明脑袋的桶眼鱼。他们生活在北太平洋200～1000米的深海区域，是一种非常稀奇的深海鱼，直到1939年才被人类发现。由于他们的脑袋里面装满了透明的液体，一旦被捕捞上岸，他们就无法承受巨大的压力变化，透明的脑袋就会彻底塌方。真是大千世界，无奇不有！想抓他来下酒？门儿都没有。

桶眼鱼的名字源于他们独特的桶状眼睛，他们的眼睛不是长在脑袋表面，而是被包裹在透明的脑袋里面。而他们头上看起来像眼睛的器官，其实是他们的鼻子。他们桶状的眼睛还会转动，平时"坐井观天"，等猎物从上方靠近时，眼睛就会像摄像头一样旋转追踪。等到猎物靠得更近时，他们就会发动突然袭击。这样的眼睛还非常安全，因为他们喜欢吃水母，为了防止被水母有毒的触手蜇伤眼睛，就把眼睛包裹在脑袋里面，相当于戴了一个透明的头盔。爱护眼睛，从我做起！

深海里的光线是非常微弱的，因此桶眼鱼的脑袋里面还有2块独特的"反光镜"，可以收集海底的微弱光线，让脑袋变成手电筒。所以他们不仅聪明"透顶"，而且聪明"透亮"。毕竟，黑灯瞎火的海底，找口吃的不容易。一寸光阴一寸金，寸金难买头透明！

深海里没人看见，随便长长就行了！

扫一扫
看桶眼鱼

大吃一 "鲸"

极地与海洋居民卡
Polar and Marine Animal ID Card

民族：鲸偶蹄目 - 须鲸科 - 须鲸属
家庭住址：全球海域
最爱吃的食物：磷虾、各种小型海洋鱼类
睡觉的地点：海洋表层
个人爱好：吞天吞地
座右铭：嘴巴张得够大，食物都不落下！

须鲸
Baleen whale

ANIMAL ID CARD POLAR AND MARINE
NO.06

关于他的冷知识

他们大多是旅行家，为了在夏季取食丰盛的浮游生物与磷虾，每年都得进行长距离的南北迁徙。

30 m

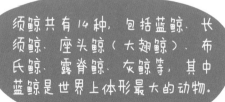

须鲸共有14种，包括蓝鲸、长须鲸、座头鲸（大翅鲸）、布氏鲸、露脊鲸、灰鲸等，其中蓝鲸是世界上体形最大的动物。

自下颌到肚脐间他们有许多皮肤褶皱，被称为"喉腹褶"（throat groove），可以让他们张大嘴巴进行吞咽。

鲸嘴里面打麻将，感觉还挺宽敞！

须鲸的嘴大得惊人，不仅可以在里面摆张桌子四个人打麻将，而且可以鼓成热气球，一口吞进和自己体型相当的水。有时候，你上一秒划着船唱着歌，下一秒就眼前一黑，进了鲸嘴。真是鱼在海上漂，鲸在海底捞，大吃一惊，让人震惊啊。

须鲸没有牙齿，只有像刷子一样的鲸须。他们吞下一大口海水后，会用舌头挤出海水，用鲸须过滤小鱼小虾。这些鲸须质地柔软，曾经被人类用来制作束腰的支架。所以，被吞进鲸嘴里的人类，大概率不会被咬死，更不可能被吞进须鲸的肚子里。他们的喉咙只有一个足球大小，根本咽不下。所以，须鲸最多会用鲸须给你搓个澡，然后把你吐出来，让你"须鲸一场"。

为了一口吞进更多的鱼，有些须鲸，例如座头鲸，会几只联合在海底吐泡泡，通过气泡聚集鱼群，逐步缩小包围圈，然后奋力一跃，一嘴打尽。所以，他们不是故意要吃你的船，而是你的船刚好在鱼群中央，下面黑灯瞎火的，他们也看不清，大吃一惊只是因为彼此不太小心。

当然，不是所有的须鲸都是这种搞法，有些鲸鱼，例如布氏鲸，吃饭时就很安静：他们会漂浮在水面上，张开大嘴，像一个掀开盖的马桶，然后用大尾巴搅动海底的泥沙，让鱼儿惊慌失措，在水面活蹦乱跳，不小心就跳进了布氏鲸的大嘴里。这种"坐鲸观天"的操作，看过的人都要大吃一惊。

发现目标鱼群，大家集体吐泡泡！

扫一扫
看须鲸

25

企鹅换毛不易

极地与海洋居民卡
Polar and Marine Animal ID Card

企鹅
Penguin

民族：企鹅目 - 企鹅科
家庭住址：南极大陆
最爱吃的食物：南极磷虾
睡觉的地点：冰面、冰洞以及水底
个人爱好：参加南极时装秀
座右铭：旧的不去，新的不来！

CARD POLAR AND MARINE ANIMAL ID CARD POLAR AND **NO.07**

关于他的冷知识 TRIVIA

115CM

企鹅中体形最大的是帝企鹅，平均身高为115厘米，相当于6岁儿童的身高。

他的羽毛就像你的衣服一样，每年都会有磨损，因此每年都需要换一次毛。

雌性生完蛋之后由雄性负责孵蛋，爸爸们会小心翼翼地将蛋放在脚上，防止蛋掉落冰面。

为啥鼻子不透气？原来又到企鹅换毛季.

　　企鹅宝宝小时候全身长满了绒毛，就像一个行走的猕猴桃，等到 3 个月大时，他们身上的绒毛会慢慢脱落，开始进入换毛期。在换毛期间，企鹅宝宝不能下水，一下水就容易打湿衣服，变成"冰企淋"，回家少不了一顿训。由于换毛的部位都是随机的，他们一天一个造型，有时候像狼外婆回家，有时候像摇滚歌手开派对，有时候如同贵妇一样优雅，有时候又丑得能吓跑亲生爸妈。真是南极时装季，换毛不容易，造型太诡异，爹妈都嫌弃。

不仅小企鹅需要换毛，成年企鹅也需要每年更新一次羽毛，这个过程每次需要持续1个月。在此期间，企鹅不吃不喝，忍冻挨饿，体重能下降到原来的一半。为了让毛掉得快一点儿，有的企鹅手脚并用，用嘴拔毛；有的企鹅迎风舞蹈，随风飘摇。当他们集体拔毛时，南极大陆经常会"大雪飘飘"。落霞与孤鹜齐飞，鹅毛共雪花一色。要是飘到了邻居海豹的家里，一张口就是一嘴毛，让他鼻炎发作、皮肤过敏。真是"你换毛不易，我对毛过敏"。

并不是每一只企鹅都能顺利换毛：有的企鹅基因突变，染发失败，黑白燕尾服变成金色旗袍；有的得了"毛病"，旧毛已脱光，新毛没长齐，这时候就需要给他们织一件潜水衣，帮助他们渡过困难的时期。等到毛长齐，穿上新衣，戴上新帽，明年接着换毛，鹅生快乐逍遥。

王企鹅宝宝小时候长得就像个猕猴桃！

扫一扫
看企鹅

长腿玉兔

极地与海洋居民卡
Polar and Marine Animal ID Card

北极兔

Arctic hare

民族：兔形目 - 兔科 - 兔属
家庭住址：北极圈附近
最爱吃的食物：北极柳
睡觉的地点：雪洞或地洞
个人爱好：和袋鼠一样蹦蹦跳跳
座右铭：静若处子，动若脱兔。

NO.08
ANIMAL ID CARD POLAR AND MARINE

在最冷的天气中，他们会挤成一团取暖，最大的群体多达3000只。

他是食草动物，但有的个体也爱吃肉，比如被北极熊和海豹丢下的鱼。

7kg

他是现存体形最大的兔子，和狐狸差不多大小，体重可以超过7千克。

TRIVIA 关于他的冷知识

站起来顶
天立地，
趴下去可
爱无敌。

　　你也许见过大长腿的嫦娥，但是一定没见过大长腿的
玉兔——生活在北极圈附近的北极兔。他平时像个糯米团
子，和冰天雪地完美地融为一体，但是一旦他站起来，秀
出四条"顶天立地"的大长腿，就瞬间变成了羊驼兔，让
你感觉特别突然（"兔然"）。这哪里是什么玉兔？这简
直是披着兔皮的嫦娥呀！别看他冬天时很白，但是到了换
毛的夏季，一身的杂毛乱七八糟，丑得让你吐血（"兔血"），
充分演绎了什么叫作"人靠衣裳，兔靠毛装"。

北极兔不仅腿长，而且会像人类一样直立。两只北极兔打架的时候，会挥舞着前肢，姿势如同两个泼辣的嫦娥姐姐指着鼻子骂街；他们奔跑时，会像袋鼠一样蹦跶。因为腿长，他们站得高，看得远，可以及时发现周围的危险。北极狼最喜欢吃北极兔，毕竟，兔兔大长腿，味道肯定美。但是，北极兔的速度很快，可达 64 千米每小时。而且北极兔身姿灵活，一个突然甩尾，就把你抛在脑后，还要来一句："I am fine，too！"

为了防止在逃命的时候陷进雪地里，北极兔还长着一对毛茸茸的大脚丫，简直人手一双限量版的雪地靴，既保暖，又给力。他们喜欢凑堆，在北极，经常会看到一串长腿玉兔穿着雪地靴集体跑路，跑累了，就滚成一个个雪球，散落在冰天雪地之间。真是静若处子，动若脱兔，一边性感大长腿，一边可爱藏不住。

不好，前方有危险靠近，快跑！

扫一扫
看北极兔

现实版哥斯拉有多厉害?

极地与海洋居民卡
Polar and Marine Animal ID Card

海鬣蜥
Marine iguana

民族：蜥蜴目 - 美洲鬣蜥科 - 海鬣蜥属
家庭住址：东太平洋 - 加拉帕戈斯群岛
最爱吃的食物：红藻和绿藻
睡觉的地点：海滩和岩石
个人爱好：晒太阳
座右铭：请不要以貌取蜥！

POLAR AND MARINE ANIMAL ID CARD NO.09

关于他的冷知识
TRIVIA

他是现存的唯一一种生活在海洋环境中的蜥蜴。

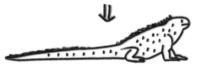

他会"缩骨神功"，在食物稀缺的季节，通过缩小身体减少对食物的需求。

由于他长得很丑，浑身黑黢黢的，早期的欧洲水手都不敢吃他。

35

上岸晒个太阳，让身体充满正能量！

　　海鬣（liè）蜥是现实版的哥斯拉，他们通体色泽阴暗，一身鳞甲，脸上坑坑洼洼，背上还长着尖尖的棘刺。和哥斯拉一样，他们的必杀技是"发射热线"，长度可达几十厘米，还是放射状的；不过，他们喷的不是白热光，而是由鼻腔排出的盐分，不仅没有任何杀伤力，还显得有些可爱。这些盐分还会在他们的身体上蒸发结晶，形成一层白色的"护具"，看起来就像哥斯拉披着白银圣斗士的铠甲，真拉风！

和哥斯拉一样，他们喜欢待在太平洋里面，过多的盐都是吃海藻带来的。没错，别看长得凶巴巴，现实版的哥斯拉却以海藻为食。他们的大尾巴在水里左右摇摆，虽然不足以毁灭半个东京，但是游起来很给力；长长的手指虽然不能掐死"基多拉"，但是可以抓住岩石，防止被海浪冲走。看他们歪着脑袋努力进食的姿势，像不像小时候的你啃西瓜的模样？

由于海里温度很低，海鬣蜥潜水半小时就得上岸晒太阳。岩石就像铁板烧，把他们烤成"红莲"状态，等他们存够了能量就可以下水继续啃水藻。他们通体暗色，就是为了更好地吸收太阳的热量。当然，在繁殖期间，为了吸引"妹子"，一些雄性海鬣蜥的皮肤会变换颜色，换上各种绚丽、奇特的"彩妆"。这怪兽一样的审美，真是毁天灭地、威猛霸气！

看我哥斯拉秘密武器——超咸鼻涕!

扫一扫
看海鬣蜥

37

虎鲸的心机

极地与海洋居民卡
Polar and Marine Animal ID Card

虎鲸
Orcas

民族：鲸偶蹄目－海豚科－虎鲸属
家庭住址：全球海域
最爱吃的食物：鲨鱼肝脏、须鲸舌头
睡觉的地点：在海面打盹
个人爱好：打高尔夫（用尾巴把海豹抽上天）
座右铭：给我一支笔，我能考上清华北大。

ANIMAL ID CARD POLAR AND MARINE
NO.10

他是海洋里的顶级捕食者，食谱包括140多种海洋生物，但是从来没有野生虎鲸攻击人类的记录。

关于他的冷知识 TRIVIA

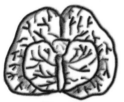

6.8Kg

他拥有世界上第二重的大脑，重达6.8千克，仅次于抹香鲸。

I◆menu I

他的寿命可达上百岁！

和人类一样，虎鲸居然喜欢撸宠物！

看起来光滑亮泽的虎鲸，眼睛里却藏着很多不为人知的小心机：他们会"钓鱼执法"，把诱饵放在岸边，等到嘴馋的海鸟靠近，然后发动偷袭；为了捕捉岸上的海狮，他们会侧翻着游泳，藏好自己的背鳍，然后冲上沙滩，送上一个意外的"惊喜"；假如猎物藏在浮冰之上，他们就会集体造浪，把海豹冲进海里，杀他个措手不及。他们总是那样攻其不备，出其不意，让猎物无从抗拒，只能乖乖认命。

作为海豚科最大的成员，虎鲸的大脑褶皱比人类大脑的还要深，堪称动物大脑中的马里亚纳海沟。他们思考问题也比一般动物更加先进，针对不同的对手会采取不同的策略：他们会利用大白鲨翻身就会陷入"强直不动"的弱点，把大白鲨撞翻就可以轻松猎取他们的肝脏；他们知道灰鲸必须浮上海面换气，于是轮番进行泰山压顶，让体形庞大的灰鲸溺亡海底；为了不被黄貂鱼尾巴上的毒刺刺伤，他们会先用尾巴把猎物拍晕，每一个响亮的"大巴掌"背后都是赤裸裸的心机。

虎鲸的心机还体现在出色的语言能力上：他们会在组团"打野"的时候相互指责，骂队友是傻鲸；他们还经常凑在一起开全员总结大会，上千只虎鲸在一起交流经验、相互学习；小虎鲸在妈妈的子宫里就能学习妈妈的语言，生下来就能说话，堪称神鲸。妈妈会教育小神鲸，凡事多个心眼，才能立于不败之地。假如虎鲸进化出文字，他们也许能编出一本《孙子兵法》，上面会写满他们称霸海洋的秘密。

虎鲸虎鲸，
嘤嘤嘤嘤；
凡我弟子，
团结一心！

扫一扫
看虎鲸

座头鲸揍 "胖虎"

极地与海洋居民卡
Polar and Marine Animal ID Card

座头鲸
Humpback whale

民族：鲸偶蹄目 - 须鲸科 - 座头鲸属
家庭住址：全球海域
最爱吃的食物：磷虾、各种小型鱼类
睡觉的地点：在海面打盹
个人爱好：吃饭睡觉揍胖虎
座右铭："鲸"子报仇，
十年不晚。

NO.11 CARD POLAR AND MARINE ANIMAL ID

TRIVIA 关于他的冷知识

他非常善于跳跃，全身跃出水面可达6米，落水时溅起的水花声在几千米外都能听到。

5m

他拥有长达5米、重达1吨多的巨大胸鳍，上面往往附着一些大而尖锐的藤壶，看起来仿佛穿了一层护甲。

他喜欢干预虎鲸的捕食，甚至会从几千米之外专程赶来驱赶虎鲸，哪怕虎鲸攻击的并不是座头鲸。

从胖虎嘴里救下一头海豹，就是不让他吃饱！

　　天不怕地不怕的虎鲸（别称"胖虎"），就怕打猎时遇见座头鲸。胖虎喜欢吃海豹，每次不远千里赶到南极，设下圈套，等着集体红烧豹子头，这时不知道从哪里钻出一只座头鲸，一声河东狮吼，胖虎只能绕道走。还有一次，胖虎把海豹从岸边赶到海里，一尾巴甩出去老远，可是座头鲸又不知道从哪里冒了出来，让他坐在自己头上，还温柔地把他抱在怀里，体贴得像个30吨的胖子，然后一直保驾护航把他送到安全地带，这一幕气得胖虎破口大骂："座什么座？座你个头！"

座头鲸不仅救海豹，而且会救别的动物。他们救过海豚，救过翻车鱼，救过企鹅，甚至救过灰鲸。总之，胖虎欺负谁，他们就帮谁。他们还能集体行动，一声鲸令，方圆几千米的座头鲸兄弟连最爱的沙丁鱼也不吃了，扛着锄头、扁担，提着5米长的大砍刀，全都过来干架：左边一个无敌甩尾，右边一个超级盖帽，揍得胖虎满海底找牙。总之，我座头鲸可以饿着肚子，但是绝对不允许胖虎吃饱了回家。这都是什么仇什么怨啊？

幼年时期的座头鲸经常被胖虎欺负，胖虎打不过大的座头鲸，他们主要欺负座头鲸的幼崽。胖虎会集体作战，轮流压在小座头鲸的头上，让他没法换气，好像在说："你不是叫座头鲸吗？让我们一次坐个够。"那时候，小座头鲸的战斗力还很"渣"，打不过胖虎；但是长大后的座头鲸，由于大碗喝水、大口吃肉，个子高了，皮也厚了，翅膀也硬了，打架也给力了，连胖虎也可以使劲揍了。正所谓："鲸"子报仇，十年不晚，长大揍胖虎，揍成二百五！

干吗总打我?
看你不顺眼了.

扫一扫
看座头鲸

河豚气炸了

极地与海洋居民卡
Polar and Marine Animal ID Card

河豚
Pufferfish

民族：鲀形目－鲀科－东方鲀属
家庭住址：**热带及温带海域（个别在淡水中产卵）**
最爱吃的食物：**各种贝壳和甲壳类动物**
睡觉的地点：**海床或者海面**
个人爱好：**生闷气**
座右铭：**别人不气我要气，气出病来我乐意。**

POLAR AND MARINE ANIMAL ID CARD NO.12

关于他的冷知识 TRIVIA

他虽然名字叫作河豚，但是主要生活在海里，一般在产卵的时候才洄游到淡水河中。

他拥有四颗坚硬无比的门板牙，平时就用这四颗牙齿咬碎各种贝壳和螃蟹。

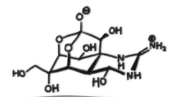

他是毒性最强的鱼，体内含有 TTX 神经毒素，毒性是氰化物的 1200 倍。

被海雕带上了天，真的好无语！

　　河豚从小就是个气鼓鼓的胖子，当他察觉到危险时，身体就会膨胀到原来的 4 倍，变成一个圆滚滚的球，让捕食者无从下口。就算被捕食者勉强塞进嘴里，他也会继续膨胀，让人吞之不下、吐之不能，一不小心还会窒息而死。他的咽喉部位有发达的咬肌，可以死死锁住自己的喉咙，绝对不漏气，除非危险解除，才会泄下一肚子气，抖抖屁股，走"豚"！

　　河豚之所以可以膨胀，是因为他拥有一个神奇的胃，他的胃就像一个韧性十足的气球，可以存入大量的水和空气。他的皮肤厚实而坚韧，有的还带刺，一般的牙齿很难咬破；不过，一些嘴尖的水鸟，瞅准大肚皮一个"扎猛子"，能让他原地泄气，变成一只干瘪的河豚。

鼓气虽然很有效，但是也让河豚失去了行动能力。由于浮力大，河豚有时候会漂上水面，随波漂流，而且一不小心就会漂上岸，成了一只"沙滩排球"。有时候，他会被老鹰捡漏，被迫"飞"上半空，成为一只"氢气球"；有时候，他会被人捡到，人家把他当作擦鞋球，用完就丢，气得河豚头也不回，一边骂骂咧咧，一边赶紧开溜。

为了保护自己，除了气鼓鼓，河豚也进化出了第二条防御线：他的内脏含有极强的生物毒素。然而，这些毒素也被一些调皮的海豚盯上了。他们会故意刺激河豚，把"球"含在嘴里，这样河豚分泌出来的毒素可以让自己的神经兴奋，飘飘欲仙。一群海豚还会把气鼓鼓的河豚当作篮球丢来丢去，海豚开心了，河豚却被气坏了。唉，都叫豚，海豚何苦要为难河豚？

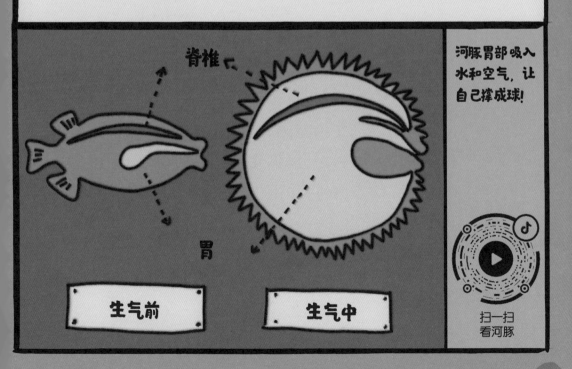

脊椎

胃

生气前

生气中

河豚胃部吸入水和空气，让自己撑成球！

扫一扫看河豚

海豚吸奶

极地与海洋居民卡
Polar and Marine Animal ID Card

海豚
Dolphin

民族：**鲸偶蹄目 - 海豚科 - 海豚属**
家庭住址：**热带及温带海域**
最爱吃的食物：**各种鱼类**
睡觉的地点：**海床或者海面**
个人爱好：**海面杂技表演**
座右铭：**海阔凭鱼跃，天高任豚飞！**

POLAR AND MARINE ANIMAL ID CARD
NO.13

他没有嗅觉，但有味觉，能分辨出甜味、酸味、苦味和咸味。

酸 甜 苦 咸
Coffee

小海豚通过子宫内的脐带与母亲相连，所以他也是有肚脐眼的。

雌性海豚会帮助其他姐妹接生，如果"产妇"分娩困难，那么"助产师"可能会帮助将婴儿拔出。

TRIVIA 关于他的冷知识

海豚妈妈的乳头就藏在这两道缝里哦！

　　海豚是一种哺乳动物，这就意味着他们小时候和人类一样，都是喝妈妈的奶长大的。不过，海豚妈妈的乳头长在腹部，藏在两道哺乳缝里面。当海豚宝宝饿了的时候，就会把舌头卷起来，变成一根吸管，而且他们舌头的边缘还有一道"齿轮"，这样卷起来之后再拉上"拉链"，就不会吸进去海水。大家下次喝奶茶的时候，也可以伸出舌头试一下，说不定连纸吸管也用不着了。

海豚的奶漂在水里就像一块水母，据说没有甜味，而是有一种浓烈的鱼腥味，脂肪和蛋白质含量特别高，尝起来比较油腻。它的营养价值很高，是普通鸡蛋的6倍。一些海洋馆里的海豚妈妈还需要被人工催奶，然后饲养员再用奶瓶喂给那些需要救助的小海豚，真是无私的海豚妈妈。

为了防止溺水，海豚宝宝出生时是尾巴先出来，在脐带断裂之后，海豚妈妈会把海豚宝宝举出水面，帮助他呼吸"豚生"的第一口空气。小海豚每20分钟就要吸一次奶，因为妈妈的哺乳缝长在排泄口边上，若吸对了位置，吃进去的就是奶茶；若吸错了位置，吃进去的就是便便，真尴尬！

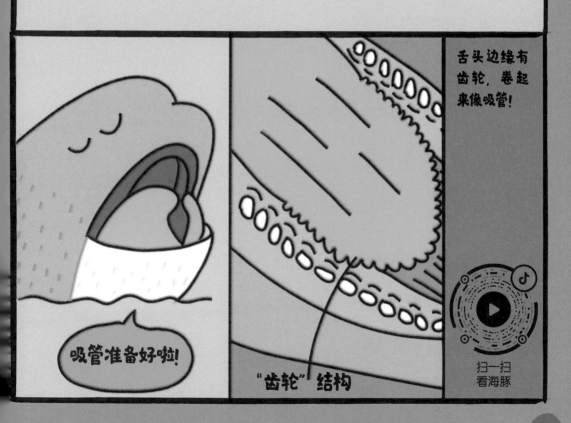

吸管准备好啦！

"齿轮"结构

舌头边缘有齿轮，卷起来像吸管！

扫一扫
看海豚

白鲸大脑瓜

极地与海洋居民卡
Polar and Marine Animal ID Card

白鲸
Beluga whale

民族：鲸偶蹄目 - 一角鲸科 - 白鲸属

家庭住址：北极、亚北极附近海域、河口、峡湾等

最爱吃的食物：各种海洋鱼类、无脊椎动物

睡觉的地点：在海面打盹

个人爱好：唱歌

座右铭：没有音乐的鲸生不值一提！

CARD POLAR AND MARINE ANIMAL ID CARD POLAR AND MARINE **NO.14**

 **关于他的冷知识** TRIVIA

他的皮肤是白色或者灰白色的，目的是在极地浮冰中伪装自己，从而迷惑他的主要天敌——北极熊和虎鲸。

白鲸宝宝生下来是灰色的，一直要等到5岁左右才会换上白色的皮肤。

他每年都需要定期"美白"，夏季会在河床的砾石上摩擦身体，去除各种死皮、老皮，让皮肤焕然一新。

大家好，我就是白白胖胖的海洋老寿星！

白鲸拥有一个像寿星一样的大脑瓜，他们看见船就会浮出海面，亮出大脑瓜，让你来个摸头杀。由于他们的额头里布满了脂肪，摸起来就像一个水球，柔软得让人爱不释手。他们是海里的"好心人"，拥有拾金不昧、助人为乐的优良品性：喜欢帮你捡各种不小心掉进水底的贵重物品，捡完了还让你拍拍脑袋给他们奖励。

白鲸没有海豚和虎鲸那么活泼好动，他们慢慢悠悠、温柔娴静，仿佛海底飘来的一道白色的倩影。他们体长4~5米，体重可以达到1000千克。他们对人类有很强的好奇心，看见你要么就围上来打个招呼，给你一个温柔的亲亲；要么就肩并肩，和你来个眉目传情。可见，脑瓜大眼睛小，撩人的技术不得了。

白鲸可以随意调整额形，从而改变自己发出的声音，人送外号"海洋金丝雀"。他们喜欢唱歌，擅长口技，还喜欢飙海豚音，虽然有时候唱歌会跑调，但是每次都会使出吃奶的劲儿。有时候他们还会模仿放屁的声音，故意逗你开心。他们还是海洋里的表情帝，喜怒哀乐生闷气，有时候还会做鬼脸吓唬你。他们的智力超群，富有感情，甚至能够领略音乐的魅力：听到欢快的曲调就会摇头晃脑，听到忧伤的旋律还会陷入沉思。果然，白白胖胖，菩萨心肠，大脑瓜的白鲸可能就是我们遗失在海洋里的远房亲戚。

来欣赏一下"海洋金丝雀"的美妙歌喉吧！

扫一扫
看白鲸

57

鱼的爱情

极地与海洋居民卡
Polar and Marine Animal ID Card

亚洲羊头濑鱼

Asian sheepshead wrasse

民族：隆头鱼目－隆头鱼科－濑鱼属
家庭住址：西太平洋的岩石礁区
最爱吃的食物：各种贝壳、蓝蟹、牡蛎、蛤蜊等
睡觉的地点：珊瑚礁的缝隙里
个人爱好：修炼葵花宝典
座右铭：无惧世俗，想变就变！

NO.15

SHREK

关于他的冷知识 TRIVIA

由于他长得像怪物史莱克，所以潜水员叫他"史莱克鱼"。

1m

他的个头很大，身长可达1米，体重可达15千克。

他的脑门上顶着一个十分显眼的"大肿块"，会随着年龄的增长而不断增大。

59

老婆你变了！
谁是你老婆？
决一死战吧！

　　这种脑瓜子大、下巴突出、看着丑萌丑萌的鱼叫作亚洲羊头濑鱼，他们长得既像变异的章鱼哥，又像掉进海里的寿星老爷。他们虽然很丑，但是性格温顺，圆圆的脑袋摸起来软乎乎的，是很多潜水员的海底朋友。但是，摸他们的人绝对想象不到，他们的爱情故事有多么狗血。

　　首先来认识一下，大脑袋的是雄鱼，他们长得雄壮威猛，体长可达1米，而雌鱼的体形要娇小很多。他们生活在岩石和珊瑚礁处，采取一夫多妻的婚配制度，一条雄鱼占据着一片海域的多条雌鱼，平时左拥右抱，好不快活。然而，他的地位并不是那么牢固，假如自己年纪太大，他的一个"妻子"就会偷偷离家出走，找个岩洞闭关修炼，为的是苦练"葵花宝典"：她的身体会分泌一种特殊的酶，导致额头隆起、下巴膨胀、体形增大，性别也发生了惊天的逆转——她变性了！

变性鱼出关之后的第一件事情，就是去挑战原来的老公；昨天还是孩子他妈，今天争着要当孩子他爸。雄鱼当然不会轻易放弃王位，最后只有战斗才能解决问题。两条鱼会张大嘴巴，互咬下巴。假如变性鱼胜利了，前夫只能无地自容，灰溜溜地滚出这个家，而自己则会变成一家之主，接管家族资产和所有的雌鱼。曾经的好闺蜜，今日拜天地。不过，他的地位也不稳固，因为等到老去的那一天，他也逃不过被自己的"妻子"赶跑的命运！

据统计，目前已知有 500 多种鱼会采取这种"变性"繁殖方式：有的是雌鱼变成雄鱼，例如黄鳝；有的是雄鱼变成雌鱼，例如小丑鱼；有的可雌可雄，随机应变，例如小丑虾虎鱼。真是排完精子再排卵，鱼生真的很丰满；生完孩子再当爹，电视剧都不敢这么狗血。

只有潜心修炼，才能变性成功！

扫一扫
看亚洲羊头濑鱼

独角鲸的牙

极地与海洋居民卡
Polar and Marine Animal ID Card

独角鲸
Narwhal

民族：鲸偶蹄目－一角鲸科－独角鲸属

家庭住址：北极、亚北极附近海域、河口、峡湾等

最爱吃的食物：北极鳕鱼、比目鱼

睡觉的地点：在海面打盹

个人爱好：击剑

座右铭：想要和我做朋友，举起你嘴里的剑。

ANIMAL ID CARD POLAR AND MARINE
NO.16

关于他的冷知识
TRIVIA

x 10

中世纪的欧洲人相信他的长牙具有医疗效果，甚至具有魔力，这使得其价格曾是同等重量黄金的10倍。

和别的鲸鱼不同，他没有背鳍，可以撞开北极海面的冰面换气。

至17世纪初期，他的长牙一直被视为传说中独角兽的犄角。

63

前方发现一对独角兽？不对，是两只独角鲸！

　　独角鲸是自然界极少数追求不对称美的动物之一，雄性独角鲸的左犬齿会从上嘴唇钻出来，拧成一道麻花瓣，看起来就像头上长了一根长长的角。这根长牙最长可长到3米，重达10千克。在中世纪的欧洲，人们一直以为这就是传说中独角兽的犄角，它的价格一度被炒作得比黄金还要昂贵。其实根本没有什么独角兽，只不过是鲸鱼长了一颗大龅牙。

独角鲸的这颗牙是中空的，里面藏着上千万条神经末梢，非常敏感。他们不会用长牙干架，两只独角鲸会温柔地相互摩擦长牙，类似于温柔的击剑，这是属于独角鲸的"蹭牙礼"。在繁殖季节，长牙还是独角鲸相互攀比的工具：更粗更长的牙齿更有男性魅力。有时候他们还会用长牙作为武器，一棍子拍晕小鱼，然后吞进嘴里。所以，长牙看起来很不方便，其实用处还蛮多。

　　独角鲸的天敌是虎鲸。虎鲸由于体形太大、背鳍太高，没法撞开厚厚的冰层。而独角鲸虽然慢，但是可以深潜到 1500 米。北极海水的盐度会随着深度而变化，独角鲸的牙齿可以感应盐度的细微变化，从而找到换气的出口。所以，看起来没啥用处的长牙，实际上是"水质探测仪"。他们换气时经常会被守在外面的北极熊偷袭。举着这么长一根竹扞，不是摆明了在挑逗人家吗？免费的鲸鱼串串香，不吃白不吃。

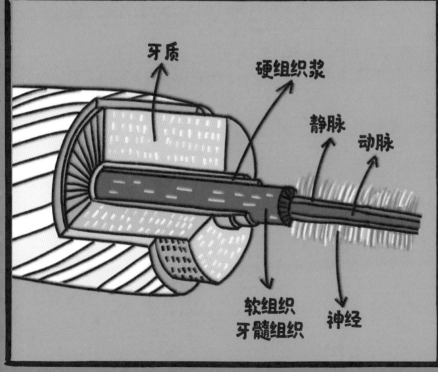

牙质

硬组织浆

静脉

动脉

软组织
牙髓组织

神经

一根长牙
顶天立地，
里面全是
黑科技！

扫一扫
看独角鲸

来北极捡海豹

极地与海洋居民卡
Polar and Marine Animal ID Card

竖琴海豹
Harp seal

民族：食肉目 - 海豹科 - 竖琴海豹属
家庭住址：北极圈附近的浮冰、格陵兰岛
最爱吃的食物：北极鳕鱼、毛鳞鱼和鲱鱼
睡觉的地点：冰面（童年时期）
个人爱好：喊妈妈
座右铭：世上只有妈妈好，
没妈的孩子像根草！

ANIMAL ID CARD POLAR AND MARINE
NO.17

TRIVIA **关于他的冷知识**

他基本上都在水中生活，只有交配和分娩季节会在陆地上花费大量的时间。

他嗅觉灵敏，尤其是海豹妈妈可以通过气味从成千上万的幼崽中识别出自己的孩子。

他的身上有醒目的黑色斑纹，形如竖琴，所以得名"竖琴海豹"。

67

小小年纪就成了留守儿童的竖琴海豹.

竖琴海豹小时候全身毛茸茸的，可爱乖巧又玲珑。他们是北极地区手感最好的鳍足类动物，摸起来就像枕头芯，让你在冰天雪地里也能感受别样的温馨。他们虽然外表呆萌，却拥有如孩子一样的好奇心，看到人就会扭动"糯米糍"向你凑近。你会立刻趴着给他拍一张照片，然后忍不住赶紧发个朋友圈。

在北极，白色的皮毛可以使捕食者看不清小竖琴海豹，但是这依然无法防止他们变成北极熊的小点心。为了阻止他们胡乱跑，"巡逻队"会把这些小可爱送回家，他们的妈妈就躲在冰窟窿里。为了养家，竖琴海豹妈妈大部分时间都得下海打工，这时候，小竖琴海豹就成了孤零零、苦兮兮的北极留守儿童，爹不疼妈不爱，爷爷奶奶也都不在。要是刮起 10 级大风，他们就瑟瑟发抖冻成一条傻狗，饿了就吃自己的原生态"猪蹄手"，渴了就啃两口北极的特产"马迭尔雪糕"。小竖琴海豹一个人孤单一个人忧伤，难怪经常眼里泛着泪光，温柔中还带着一点儿伤。

　　小竖琴海豹生下来时不会游泳，他们白色的皮毛看着如丝般顺滑，但是防水性很差，所以经常得靠路人帮忙拔出冰洞，摆脱溺水的命运。竖琴海豹妈妈喂奶 10 天之后就要抛弃崽崽寻找自己的爱情，之后小竖琴海豹就彻底变成了弃婴。为了摆脱随时被别人捡走的命运，他们必须努力行走，努力游泳，脱掉"白雪公主的童装"，跳进生活的深渊，变成一头勇敢又大气的竖琴海豹，看你还敢过来要什么爱的抱抱！

快拉他一把，小海豹快冻坏啦！

扫一扫
看竖琴海豹

69

海牛的口红

极地与海洋居民卡
Polar and Marine Animal ID Card

海牛
Manatee

民族：海牛目 - 海牛科 - 海牛属
家庭住址：大西洋温暖水域及河流
最爱吃的食物：水草和海藻
睡觉的地点：河床或浅海
个人爱好：搓背、冲凉
座右铭：心宽体胖，人畜无害。

POLAR AND MARINE ANIMAL ID CARD
NO.18

他和牛一样爱吃草，像卷地毯一般一片一片地吃过去，被誉为"水中除草机"。

哥伦布曾声称在海面见到过美人鱼，据考证，他遇到的基本都是大西洋里的海牛。

和他亲缘关系比较近的陆地生物是大象，他们拥有共同的祖先。

TRIVIA 关于他的冷知识

　　海牛恐怕是地球上最费口红的动物，他们拥有一张类似红毛猩猩的肉垫一样的大嘴唇，上面布满了褶皱，估计擦完十支口红都不够。他们的嘴唇不仅大，而且厚，要是撞上水族馆的玻璃，可以缓解冲击力。还好他们没有涂口红，否则水族馆的玻璃上全是嘴唇的痕迹。

　　海牛的眼睛小，视力也不太好，听力也不咋地，只能听到高频的声音，无法听到低频的声音。他们无法听到海面船只行驶的声音，所以经常会被螺旋桨割成"海牛可颂"。

作为补偿，海牛进化出了灵敏的触觉，尤其是嘴唇。他们性感的唇毛能起到侦察的作用，类似于猫咪的胡须，有时候见人就会行"碰嘴礼"。这不是想咬你，而是在用分叉的嘴唇观察你。

海牛没有门牙，上嘴唇是裂开的，类似于抓娃娃机的手臂，看见喜欢的水草就是一整个抱住的大动作。这一点和大象吃草类似，大象也是靠分叉的鼻尖来抓取食物的。虽然海牛和大象长得完全不像，但是他们确实是大象在海洋里的近亲。

海牛是哺乳动物，他们不能在水下待太久，需要定期浮出水面换气。喂奶的时候，海牛妈妈会在水面仰泳，把孩子搂在身边，如果头上刚好挂着水草，那么远看还真有点儿像美人鱼。这就是西方美人鱼的来源（东方美人鱼的来源是儒艮——海牛科的另外一种动物），很多水手在雾色朦胧之中看走了眼。不得不说，第一个有这种联想的水手实在太有想象力了。

别害怕，我只是想亲你一口!

扫一扫
看海牛

73

抹香鲸的深海食堂

极地与海洋居民卡
Polar and Marine Animal ID Card

抹香鲸
Sperm whale

民族：鲸偶蹄目 - 齿鲸料 - 抹香鲸属
家庭住址：全球海域
最爱吃的食物：枪乌贼、大王酸浆鱿
睡觉的地点：海面
个人爱好：逛深海，吃海鲜
座右铭：潜得越深，吃得越好！

ANIMAL ID CARD POLAR AND MARINE
NO.19

TRIVIA

关于他的冷知识

他最深能下潜到 2200 米的地方，是潜水深度最大的哺乳动物之一。

2200M

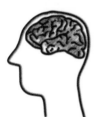

×5

他的大脑重量堪称动物之最，重达 7.8 千克，是人类大脑的 5 倍多。

他是自然界中声音最大的动物，分贝数甚至能超过喷气式飞机。

75

　　抹香鲸是体形最大的齿鲸，之所以能长成庞然大物，是因为有吃不完的深海食物。在乌漆墨黑、冰冷刺骨的远洋深处，生活着大王乌贼等大型头足类动物。抹香鲸没有深海恐惧症，可以深潜到 2000 多米的地方。这是鲨鱼、虎鲸永远无法企及的深度，如同一个人逛超市，不怕大爷大妈抢食物。据统计，抹香鲸一次可以潜水 90 分钟，一天能吃掉 1 吨重的食物。所以，要想富，就得不走寻常路，一般人去不了的地方，那里就是王者的深夜食堂。

　　实际上，抹香鲸巨大的脑袋瓜就是为了深潜而生的。他的脑袋瓜里面有 1000 升左右的鲸脂，脂肪遇冷则会凝固，遇热则会流动。他通过控制血液，就可以控制脑袋的形状，从而调节潜水的深度。当然，大脑袋最大的功能是用来发射声波。抹香鲸用左鼻子呼吸，用右鼻子振动发声，用板子一样的颅骨聚焦声波，再通过头部脂肪发射声波。在伸手不见五指的海底，他可以像蝙蝠一样，探测猎物的形状、大小和位置。越接近猎物，声波发射的频率就越高，这种巨响比喷气式飞机还要震耳欲聋。所以，每一只被吞下的鱿鱼哥，生前都经历过脑子被震晕的折磨。

当然，就算是"食物"也不甘心被人吃。有的章鱼吸盘强劲，给他来个火烧拔罐；有的腕足上带有倒钩，刻下"老夫生前到此一游"。章鱼全身软绵绵的，很有嚼劲，不加芥末也很可口，唯一无法消化的是他们坚硬锋利的鹰嘴。为了防止割伤肠道，抹香鲸会分泌出一种黏稠的物质将鹰嘴包裹，这就是龙涎香的来源。古人以为这是龙王爷在海里睡觉时流的口水，其实只是抹香鲸的肠结石，有的结石太大，就会堵在他们长达 200 米的肠道里，等待机会一泻千里。所以，你闻到的每一缕龙涎香的香气，背后都是抹香鲸难以启齿的便秘。

鲸大哥，我的拔罐技术怎么样?

扫一扫
看抹香鲸

海马爸爸生孩子

极地与海洋居民卡
Polar and Marine Animal ID Card

海马
Seahorse

民族：**海龙目 – 海龙科 – 海马属**
家庭住址：**热带、温带海域**
最爱吃的食物：**桡足生物**
睡觉的地点：**珊瑚礁和海藻的枝节叶片上**
个人爱好：**生孩子（由爸爸负责）**
座右铭：**生男生女不重要，男的生还是女的生更不重要！**

NO.20
ANIMAL ID CARD POLAR AND MARINE

关于他的冷知识
TRIVIA

他是世界上游速最慢的鱼，某种侏儒海马1小时仅能游1.5米。

他没有牙齿和胃，嘴巴也不能闭合，只能通过吸食来获取食物。

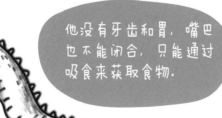

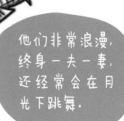

他们非常浪漫，终身一夫一妻，还经常会在月光下跳舞。

79

**海马爸爸们
的孕期经验
交流会.**

　　海马是地球上少数几种由爸爸负责生孩子的动物之一。
在结婚之前，海马爸爸送给海马妈妈最好的礼物就是一个超
大容量的肚皮。海马妈妈会把卵子产在海马爸爸腹部的育儿
袋里，海马爸爸肚子越大，能装进去的卵子也就越多，生出
来的孩子健康活下去的概率越大；而那些肚子太小的，货都
装不进去，更别提受精了。所以，备孕期间的海马爸爸们没
事也会经常凑在一起，相互观察对方的肚皮，交流育儿经验：
"哇，兄弟，你的肚子很大，能生好几百个娃！" "哪里哪
里，你的肚子尖，能生好几千个吧！"

怀孕后，海马爸爸会找一根海草把尾巴缠住。他们本来游泳就很慢，顶着个大肚子更是不方便，但是海马拥有特别的捕食绝技：他们能像变色龙一样伪装自己，两只眼睛可以独立运动，一旦发现靠近的猎物，就会猛地一甩头，把对方吸进嘴里。孕期的海马爸爸每天至少要吃掉3000只卤虫，他们需要给孩子们提供氧气，保证营养，还得调节育儿袋里海水的盐度。海马爸爸生宝宝确实辛苦，好在不需要别人照顾，就是以静制动，守株待兔。

备孕3周左右，海马爸爸终于开始分娩。刚开始生的时候比较辛苦，用尽力气都很难挤出一只小海马。等到第一个宝宝出来之后，就如同开了水闸，点了烟花，浩浩荡荡，横无际涯，一天最多可以发射2000多个娃。小海马就是爸爸的缩小版，生下来就"牛头马面"、活蹦乱跳。正当爸爸发愁怎么给这么多孩子起名字的时候，顶着大肚皮的海马妈妈又出现了："孩子他爸，没时间起名了，休息一下，赶紧装货吧！"

备孕3周后，海马爸爸开始哗啦哗啦地"发射"宝宝了。

扫一扫
看海马

后记

　　我小的时候就喜欢在纸上画各种动物，每个动物角色都有自己的职业和喜好，我还为他们设计了非常酷的服装和配饰。当我画画时，我想象着，他们在那个世界度过了怎样精彩的一天。他们如同朋友一般，陪伴了我的童年时光。现在的我已经忘了那些幼稚笔触下的角色长什么样子，但依旧觉得他们也许还生活在我的内心深处。

　　当嗑叔找到我，我们一起讨论这个动物科普书的构想时，我感觉到这将会是一个非常棒的事情。在嗑叔的文字里，我看到了各色各样的他们。他们有的看起来不太好惹，有的充满幽默感，有的拥有一身才华，有的还爱"喝酒"。

　　这套书好像是一座城市，里面住着很多动物居民，他们穿着考究，有自己独特的性格和技能，每个动物都有自己的故事。想象自己也在这些故事里，用自己的眼睛观察这个世界，他们可能是你，是我，是我们周围的了不起的朋友。

如意